化学篇

哇，科学有故事！

化合物的故事

[韩]黄仁晶 / 文　[韩]金友大 / 绘　千太阳 / 译

人民东方出版传媒
People's Oriental Publishing & Media
东方出版社
The Oriental Press

水可以进行分解吗?

拉瓦锡

茨维特

海厄特

目录

拉瓦锡叔叔，听说水也可以进行分解？

古希腊人一直认为水是一种元素，我并不相信这种说法。于是，我通过实验，成功从水中分解出氢气。

1

1761 年，法国化学家安托万·拉瓦锡进入巴黎大学学习法律。

拉瓦锡的父亲是一位律师，他希望自己的儿子也能成为一名律师。

一次偶然的机会，拉瓦锡在学校里听了一堂科学课，从此，他便对科学产生了浓厚的兴趣。

没过多久，拉瓦锡就陷入科学的魅力中无法自拔。

"竟然会有如此有趣的学问！"

尽管遭到父亲的反对，但拉瓦锡对科学的热情丝毫没有消减。

他不但在自己家里创建实验室，还将赚来的钱全都投入到购买实验工具和实验材料上。

古希腊的科学家们虽然提出过各种主张，但很少会亲自做实验验证。

当时包括拉瓦锡在内的科学家们都渐渐意识到实验的重要性。

"使用这些实验工具，就能够做非常精确的实验！"

对于科学来说，准确的测量非常重要！

拉瓦锡尤其对化学感兴趣。

白天，他在包税公司工作；到了晚上，他就埋头做化学研究。

凡是与实验有关的内容，他都会认真地记录下来。

有时，他还会自己动手制作一些实验所需的工具。

只要不是通过实验得出的结论，拉瓦锡就不会相信。

同一时期，英国化学家卡文迪许也做了一个实验。他将氧气和氢气放入容器中，通过引出电火花，令里面的气体发生爆炸。实验结束后，容器内壁上挂满了水珠。不过，卡文迪许并没有意识到这个实验的真正意义。

因为当时，人们一直认为水是一种无法再分解的元素。
不过，这个实验引发了拉瓦锡的兴趣。
"说不定水是由几种不同的物质结合而成的。"
最终，拉瓦锡决定亲自通过实验来证实。

于是，拉瓦锡便设计了一个分解水的实验，有30多名科学家在现场目睹了实验的过程。拉瓦锡将水倒入烧红的生铁管中，经过生铁管的水在沸腾的途中变成了气体。他将这些气体收集起来，再点燃一根火柴靠近。气体伴随着"噗"的声响，一下子就被点燃了。

分解水的实验

1 在烧红的生铁管中倒入水。水会在沸腾的过程中变成气体，同时分解成氢气和氧气。

2 通过生铁管的氧气与铁发生反应，黏附在生铁管上，形成铁锈。

太神奇了!

哇!

4 火花靠近氢气，氢气就会被点燃。

氢气通过生铁管汇聚到另一个地方。

哇!

点燃是因为氢气有易燃的性质。

从水中分解出的氢气会被点燃。拉瓦锡终于证明水并非元素，而是一种化合物的事实。

化合物是指两种或两种以上不同元素组合而成的物质。成为化合物后，原来物质所具有的性质会发生改变，因此水才不会像氢气一样轻易被点燃。

18 世纪时，科学家们通过实验发现很多不同的气体。这些气体大都从加热石头或金属的实验中获得。

当时，人们认为空气是单一物质，是不可再分的，但是拉瓦锡却对这个说法产生了怀疑。

"石头或金属在燃烧的时候，肯定会与空气中的某些物质产生反应。"

"释放出来各种不同的气体跑进空气中，不就意味着空气并非单一物质吗？"

空气是单一物质吗？

还是多种物质的混合物？

拉瓦锡坚信空气是多种物质的混合物。

后来，他证明了空气是由氮气、氧气、二氧化碳等各种气体组成的混合物。

如今，拉瓦锡被人们尊称为"现代化学之父"。

氧气

氧气

氮气

氮气

氮气

混合物和化合物

混合物

约占 **78%**
氮气

约占 **21%**
氧气

约占 **1%**
其他 (氩气、二氧化碳等)

空气
氮气、氧气、氩气、二氧化碳等混合在一起。

像空气一样，由两种以上的纯净物在保持原来性质的情况下混合而成的物质，我们称为"混合物"。如果说混合物是多种物质混合在一起形成的状态，那么化合物就是多种元素结合而成的一种全新物质。

化合物

氯化钠
由钠元素和氯元素组成的化合物，是食盐的主要成分。

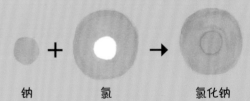

钠　　　　氯　　　　氯化钠

过氧化氢
由氧元素和氢元素组成的化合物，具有很强的氧化作用，经常被作为漂白剂和消毒剂使用。

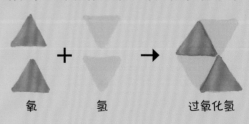

氧　　　　氢　　　　过氧化氢

结合

盐水
溶有食盐的水。

牛奶
水、脂肪、蛋白质、乳糖
等物质混合而成。

食醋
由带有酸味的乙酸和
水混合而成。

二氧化硫
由氧元素和硫元素组成的化合物，主
要用作漂白剂和防腐剂等。但是，工
厂排放出的二氧化硫会污染空气。

氧　　　硫　　　二氧化硫

乙醇
俗称酒精，由氧、氢和碳三种元素组
成的化合物。

氧　　　氢　　　碳

乙醇

改变欧洲史的香料——胡椒

胡椒是一种香料，原产地为印度。胡椒中含有一种叫作胡椒碱的物质，它是一种由氧、碳、氮、氢等元素组合而成的化合物。正是因为胡椒碱，胡椒才带有辛辣的味道。在没有冰箱的时候，将胡椒撒在鲜肉上，不仅可以延长保质期限，还可以为肉类增添香味。在中世纪的欧洲，胡椒异常珍贵，曾一度被称为"黑金"。据了解，在当时，花 500 克胡椒的价钱就可以买到一名农奴。

当时的威尼斯几乎垄断所有的胡椒贸易，从而积累了庞大的财富，其他国家根本无法插手胡椒贸易。后来，葡萄牙决定开辟新航路来进口胡椒。葡萄牙的探险家们沿着非洲西海岸一路南下，抵达位于非洲最南端的好望角。葡萄牙航海家达·伽马绕过好望角，于 1498 年到达印度的卡利卡特。在征服卡利卡特后，葡萄牙通过胡椒贸易积累了巨额财富，一跃成为欧洲强国之一。世界各国为了得到胡椒的贸易主动权而使尽浑身解数，这不但开辟了新航路，还造就了一个强大帝国。

欧洲人喜欢的胡椒

阿嚏

茨维特叔叔，
**听说色素也可以
进行分离？**

虽然大部分情况下，混合物可以直接使用，但有时候，我们也需要挑选出其中的一种物质单独使用。于是很久以前，科学家就研究出各种可以分离混合物的方法。而我研发出来的正是一种叫作"色谱法"的分离方法。

20 世纪，俄罗斯植物学家和化学家茨维特正在研究植物叶子中的色素——叶绿素。叶子在接收阳光后，可以利用叶绿素制作出植物生长必需的养料。

"植物的叶子之所以是绿色，就是因为叶绿素是绿色的。"

"不过到了秋天，树叶就会变黄，那又是什么原因呢？"

"嗯……那是……"

茨维特认为叶绿素一定含有其他颜色的色素。

"叶绿素肯定是多种色素的混合物。"

14

从那天开始，茨维特就不断尝试用各种不同的方法来分离叶绿素。
经过无数次失败之后，茨维特终于找到了方法。
"利用石灰粉，就一定可以将色素分离出来。"

找到了！

石灰粉

是白色的。

茨维特先是把植物的叶子碾碎，加入乙醚制作成汁液，然后在一根圆柱形玻璃管中装满石灰粉，最后将混合着乙醚（mí）的叶子汁液倒入玻璃管中。

色谱法实验

1 把绿色叶子碾碎，与乙醚混合在一起。

3 将混合乙醚的叶子汁液滴入玻璃管中，汁液就会经过石灰粉落下去。

玻璃管中的石灰粉不会移动，但是溶解在乙醚里的叶绿素会慢慢地向下渗透。这些色素有的会较快通过石灰粉，有的则会滞留其中。渗透速度的快慢，会使得叶绿素中的各种色素被分离出来。

将玻璃管装满石灰粉。

玻璃管中会出现橘黄色、黄色、绿色的色带。

"茨维特，你终于成功了！这个分离方法叫什么名字？"

"我现在还没来得及起名字。"

"嗯，一眼就能看到所有的颜色，说明不同物质被分离出来。它应该可以应用到更多实验中。"

"颜色？对，就是这个。我可以叫它'色谱法（chromatography）'。"

在英语中，chroma 有"颜色"的意思；而 graphy 是"记录"的意思。

自从茨维特研究出色谱法之后，人们不断发展色谱法，研发出各种其他类型的色谱法，例如，英国化学家马丁和辛格就发明出一种对液体混合物进行分离的分配色谱法。凭借这一成果，他们还在 1952 年被授予诺贝尔化学奖。

色谱法可以对混合物进行高效分离，所以被广泛用在化学、生物学、医学等实验中，为科学发展做出了巨大贡献。直至今日，它常被用于酒驾检测、农产品农药残留检测等众多领域。

混合物的分离

混合物是多种物质混合在一起的形态，组成混合物的各种成分之间没有发生化学反应，还保持着原有的性质。因此，在分离混合物时会利用各种成分的性质差异，如密度、溶解度等。

利用体积差异分离

蚕豆、红豆、小米的混合物可以使用网眼大小不同的筛子进行分离，而其中运用的便是不同物体间的体积差异这一特点。

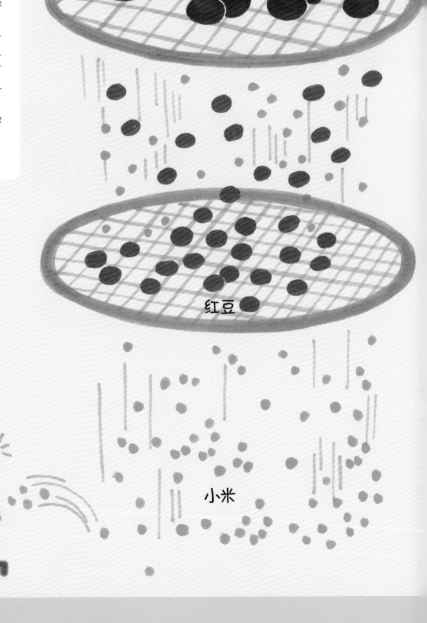

蚕豆

红豆

小米

利用磁性差异分离

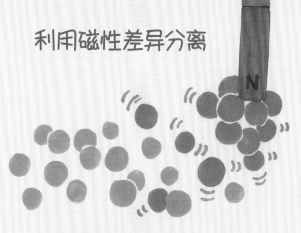

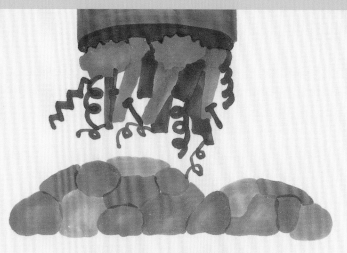

把磁铁放在铁珠和塑料珠的混合物中，铁珠就会被分离出来。

在处理垃圾时，若是使用磁铁，就可以轻松将其中的铁筛选出来。

利用密度差异分离

油
水

如果将水和油的混合物静置一段时间，它们就会自行分成两层。这时，可以使用滴管把上层的油吸出来，从而达到分离的目的。

当海上出现石油泄漏事故时，我们可以使用吸油性突出的吸油布将石油吸走。

利用水溶性差异分离

将食盐和胡椒倒入水中。

搅拌均匀，使其溶在水中。

将混合物倒在过滤纸上，胡椒就能分离出来。

将过滤后的盐水加热，就能分离出食盐。

被药物诱惑的运动员们

　　有时为了赢得比赛，体育运动员会误入歧途，选择借助药物的力量。因为药物能够暂时提升人体的素质。这种运动员借助禁用药物来提高成绩的做法，我们称为"服用兴奋剂"。

　　以前，不少运动员都曾为赢得比赛而服用兴奋剂，有一些运动员还因服用兴奋剂而在比赛途中死去。1960 年，罗马奥运会中的丹麦运动员克努德·詹森在公路自行车比赛时猝死，就因为赛前服用了兴奋剂。于是，体育界开始全面禁止运动员使用兴奋剂，同时在赛前检查运动员是否服用过兴奋剂。然而，比赛选手服用兴奋剂的事情依然屡禁不止。2012 年，世界著名自行车赛选手兰斯·阿姆斯特朗服用兴奋剂的事情被揭发，引发轩然大波。

　　在对运动员进行兴奋剂检测时，首先要采集该运动员的血液和小便，然后将其倒入装满硅胶的玻璃管中。这样，血液和小便中的氨基酸成分就会随着硅胶向下渗透，同时根据渗透速度的差异被分离出来。通过这种方法，来检测运动员是否服用过兴奋剂。

为了胜利而被兴奋剂诱惑的选手们

海厄特叔叔，
听说塑料的诞生
是为了制作台球？

在两百多年前，地球上还没有人工合成化合物。
合成化合物都是科学家们经过长久的努力研发出来的，
而我则在研制台球的过程中，无意间发明出了塑料。

19世纪时，台球运动盛行于美国。但所有的台球都要用象牙来制作，所以价格昂贵。于是，为了寻找更好的材料制作台球，台球用品公司想出了一个特别的对策。

"只要有人发明出更质优价廉的台球，我们将奖励他10万美元的奖金！"

当时的10万美元，放到现在大约等同于1200万元人民币。无数发明家和科学家为了研制质优价廉的台球付出了巨大的心血。

美国化学家约翰·韦斯利·海厄特也是其中的一员。

当时，海厄特与弟弟一起展开研究。他们兄弟二人决定选用一种叫硝酸纤维素的物质作为制作台球的材料。然而，即便添加了各种不同的化学物质，他们都没能研制出像象牙一样坚硬的材料。

"唉，能放进去的东西都试过了，但都没能成功。"

某一天，海厄特抱着试试的心态，将自己放在房间里的皮肤药膏挤了进去。硝酸纤维素居然开始慢慢凝固起来，最终还变得异常坚硬。

"啊！凝固了！凝固了！"

海厄特兄弟制作出来的物质被人们称为"赛璐珞"。

赛璐珞是首批使用天然物质制作出来的塑料。加热后，可以自由地改变它的形态；而冷却后，它又能变得非常坚硬。

然而，意料之外的问题出现了——随着时间的流逝，台球会慢慢变小。

"问题到底出在哪里呢？"

海厄特兄弟不停地进行改进，最终制作出完美的赛璐珞。赛璐珞不仅可以用来制作台球，还可以用来制作儿童玩具、假牙、刀柄、纽扣、学习用品等。

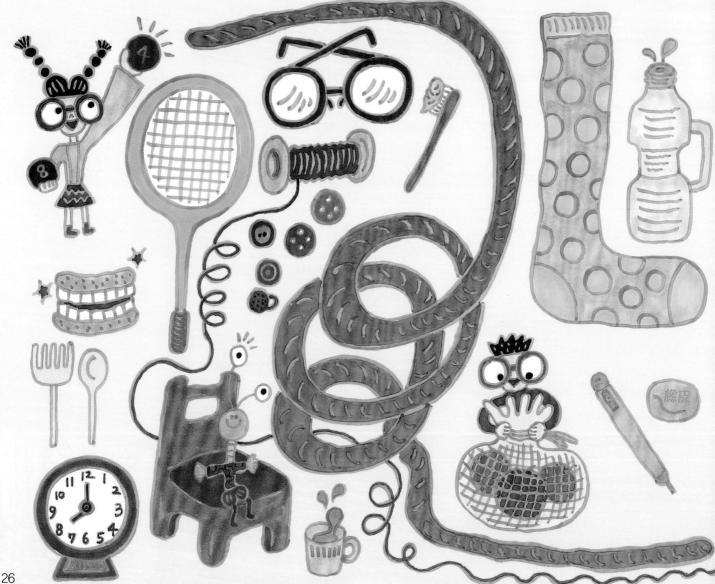

"赛璐珞引发了火灾！"

经营电气化学公司的利奥·贝克兰德，在看到新闻后感到异常震惊。

赛璐珞具有易燃的性质，所以经常会引发火灾。

当时贝克兰德正在寻找可以制作各种电气产品的绝缘体。绝缘体就是一类不导电的物质，是制作电气产品的必要材料。贝克兰德本来在研究赛璐珞是否能够作为绝缘体使用，但了解到它的易燃性质后，他也只能改变研究方向。

经过无数实验后，贝克兰德终于在 1906 年研制出以非天然物质为原料的耐高温合成塑料。

随着贝克莱特被广泛应用于电子产品和飞机螺旋桨、铺设管道等日常生活中，其他合成化合物也大受人们的追捧。

科学家和发明家都恍然大悟：原来在实验室中就可以制作出自己想要的化合物，作为合成材料使用。

嗖~　嗖嗖~

嗖嗖~

"合成材料不仅成本低，性能还更好。"

于是，合成材料自然而然就替代了人们原本使用的天然材料。

合成橡胶、合成纤维、合成肥料等各种各样的合成材料开始不断面世。

天然橡胶

天然橡胶只能从橡胶树上获取，所以需要很多人力。

橡胶树只能在特定的地方生长。

因此，搬运天然橡胶需要花费很多运输费用。

天然橡胶在夏天会变得黏糊糊的；而在冬天则容易变硬。

合成橡胶

合成像胶在工厂里生产出来，所以成本很低。

不受自然环境影响，只要有技术，任何地方都能投产。

比天然橡胶耐热、坚硬，而且更有弹性。

弹！
弹！
弹！

如今，合成化合物构成的合成材料不仅可以用来做衣服，还可以用来制作家用电器和汽车，用途非常广泛。另外，太阳能电池等尖端产品中也会用到合成材料。哪怕是现在，科学家们也依然在研发各种能够给人们的生活带来便利的合成材料。

合成化合物

天然化合物是从自然界中直接获得的化合物。相比之下，合成化合物则是经过人工合成的化合物。如今，合成化合物已经彻底融入到我们的生活当中。另外，科学家们正在不断研发出新的合成化合物。

合成染料

以前，所有染料只能从自然中获取，所以价格非常昂贵。不过随着合成染料的面世，任何人都能穿得起色彩鲜艳的衣服。

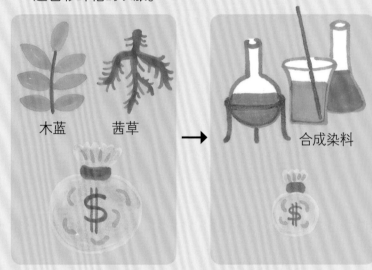

木蓝　　茜草　　　　　　　　　合成染料

合成肥料

随着合成肥料投入使用，谷物产量得到大幅提高。

动物的粪便　　　　　　　合成肥料

合成药物

随着合成药物的面世，人类的健康水平
得到了稳步提升。

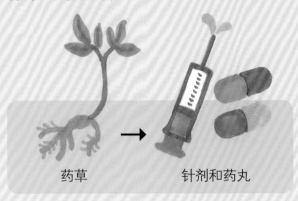

药草 → 针剂和药丸

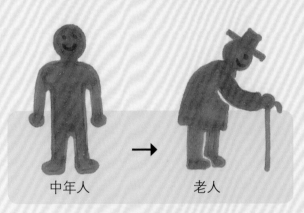

中年人 → 老人

平均寿命延长

死亡率降低

合成纤维

随着涤纶等合成纤维不断投入使用，
天然面料的缺点渐渐得到了改善。

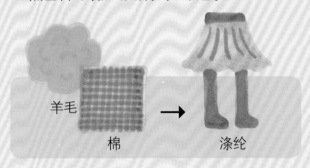

羊毛
棉 → 涤纶

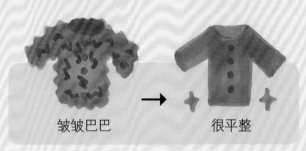

皱皱巴巴 → 很平整

不起皱

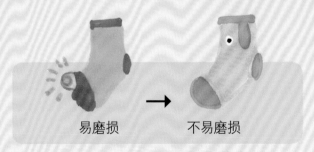

易磨损 → 不易磨损

强度得到提升

被虫子啃食 → 虫子无法啃食

不用担心蛀虫

海洋中的塑料垃圾

我们废弃的垃圾，通常会慢慢地腐烂分解。然而最具代表性的合成化合物——塑料，不仅经过数百年的时间也不会腐烂，甚至会原封不动地保留下来。据说，人们曾在太平洋中发现了一些塑料垃圾堆，而其规模就如同一座岛屿一样巨大，让人忍不住扼腕叹息。

1997年，美国环境学家查尔斯·摩尔在太平洋中间发现一座塑料垃圾堆。他说，今后我们的海洋看起来就像是一碗熬得黏稠的塑料汤，因为流入海洋的塑料垃圾在波涛的碰撞和阳光的腐蚀下碎裂成小块，而这些塑料、垃圾比浮游生物的数量还要多。

不过，最大的问题是动物们经常会把这些塑料片当成食物给吞掉。因此，垃圾山的四周往往会漂着因吃进塑料而死去的动物尸体。

据说，漂浮在海洋中的垃圾加起来，能有朝鲜半岛面积的15倍那么大，而且这个面积还在不断扩大。人类为了自己的生活便利而发明出来的塑料，正在给自然环境带来巨大的危害。

污染海洋的塑料垃圾

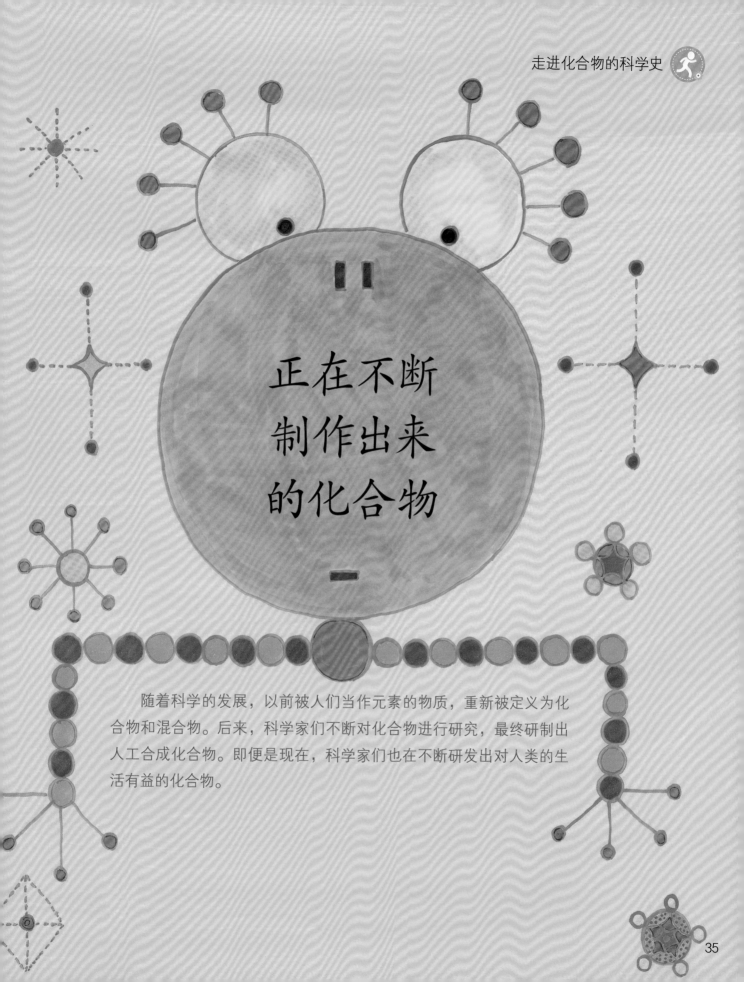

正在不断
制作出来
的化合物

随着科学的发展，以前被人们当作元素的物质，重新被定义为化合物和混合物。后来，科学家们不断对化合物进行研究，最终研制出人工合成化合物。即便是现在，科学家们也在不断研发出对人类的生活有益的化合物。

1780年

分解水的实验

拉瓦锡通过分解水的实验，证明水并非单一元素，而是由氧元素和氢元素组成的化合物。

1789年

空气是混合物

包括拉瓦锡在内的众多科学家证明了空气是由氮气、氧气、二氧化碳等多种气体组成的混合物。

1869年

赛璐珞的面世

海厄特用合成物质制作出最初的塑料。这种合成材料被人们称作"赛璐珞"。

约**78%**
氮气

约**21%**
氧气

约**1%**
其他气体

氧气　氢气

色谱法的发明

1906年

茨维特成功地分离出植物的叶绿素。这个方法被命名为"色谱法"。

1906年

贝克莱特的问世

贝克兰德发明了最早的合成塑料——贝克莱特。

现在

每年都有超过两千种化合物被研发出来。合成化合物中很多都带有毒性，所以化学家们一直都在为研发毒性较低的合成化合物而努力。

图字：01-2019-6046

图书在版编目（CIP）数据

化合物的故事 /（韩）黄仁晶文；（韩）金友大绘；千太阳译 . —北京：东方出版社，2020.12
（哇，科学有故事！. 物理化学篇）
ISBN 978-7-5207-1482-2

Ⅰ．①化… Ⅱ．①黄… ②金… ③千… Ⅲ．①化合物—青少年读物②混合物—青少年读物 Ⅳ．① 06-49

中国版本图书馆 CIP 数据核字（2020）第 038665 号

哇，科学有故事！ 化学篇·化合物的故事
（WA，KEXUE YOU GUSHI! HUAXUEPIAN·HUAHEWU DE GUSHI）

作　　者：［韩］黄仁晶 / 文　［韩］金友大 / 绘
译　　者：千太阳

策划编辑：鲁艳芳　杨朝霞
责任编辑：金　琪　杨朝霞
出　　版：東方出版社
发　　行：人民东方出版传媒有限公司
地　　址：北京市东城区朝阳门内大街166号
邮　　编：100010
印　　刷：北京彩和坊印刷有限公司
版　　次：2020年12月第1版
印　　次：2024年11月北京第4次印刷
开　　本：820毫米×950毫米　1/12
印　　张：4
字　　数：20千字
书　　号：ISBN 978-7-5207-1482-2
定　　价：256.00元（全10册）
发行电话：（010）85924663　85924644　85924641

文字 〔韩〕黄仁晶

毕业于庆熙大学理学院化学专业，毕业后在出版社做了很长一段时间的儿童图书编辑。如今，作者主要在各个媒体平台撰写一些有关儿童科普和历史方面的文章。

插图 〔韩〕金友大

1974年出生于首尔，毕业于视觉设计专业。曾于1996年在首尔绘本插图公募大赛中获得一等奖，曾于1997年在韩国出版美术大赛中获得特别奖。主要作品有《多才多艺的朋友们》《老师饼干》《珠子骨碌碌》《雍固执传》《我也很敏感》《橡子使用说明书》等。

审订 〔韩〕李正模

毕业于延世大学生物化学专业，后考入德国波恩大学学习化学。毕业后担任安阳大学教养专业的教授，现为西大门自然史博物馆馆长。主要作品有《给基因颁发专利》《日历和权力》《希腊罗马神话科学》等，主要译作有《人类简史》《魔法的熔炉》等。

哇，科学有故事！(全33册)

扫一扫
看视频，学科学